小木耳大产业

韩贵清　主编

U0238851

中国农业出版社

本书编委会

主　　编	韩贵清
总 顾 问	唐　珂　赵本山
执行主编	刘　娣　马冬君
副 主 编	许　真　李禹尧
编创人员	张喜林　王　宁　王延峰
	王金贺　史　磊　孙月楠
	刘媛媛

前　言

　　黑龙江省农业科学院秉承"论文写在大地上，成果留在农民家"的创新理念，转变科研发展方式，成功开创了融科技创新、成果转化和服务"三农"为一体的科技引领现代农业发展之路。

　　为了进一步提高农业科技知识的普及效率，针对目前农业生产与科技文化需求，创新科普形式，将科技与文化相融合，编创了以东北民俗文化为背景的《现代农业新技术系列科普动漫丛书》。本书为丛书之一，采用图文并茂的动画形式，运用写实、夸张、卡通、拟人手段，融合小品、二人转、快板书、顺口溜的语言形式，图解最新农业技术。力求做到农民喜欢看、看得懂、学得会、用得上，以实现科普作品的人性化、图片化和口袋化。

编者

2016年10月

燕子是典型的东北姑娘，性子泼辣，胆大心细，又能吃苦。自打嫁给龙哥，小两口恩恩爱爱，深得婆婆龙大妈喜欢。眼看着自己的丈夫每年秋收过后，就开着小货车走乡串县地倒腾山货。丈夫一走就是几个月，非常辛苦。燕子就想把家里的蔬菜大棚改造一下种木耳，帮丈夫减轻一些压力。可曾经种木耳吃过亏的龙哥却坚决反对，两口子为此闹起了别扭……

主要人物

小农科　　　燕子　　　龙哥　　　龙大妈　　　菌袋哥　　　小弟

　　临近春节，积雪覆盖下的村庄略显萧条，却丝毫不影响龙哥回家过年的好心情。可他刚把车开进自家院子，就听见工具房那边传来"轰轰轰"的响声。龙哥嘴上边嘟囔着"整啥玩意儿，这么大动静？"边走过去看个究竟。

　　龙哥推开门，只见门口堆着种木耳的材料，装袋机正"轰轰轰"地工作，村上的几个妇女有的套袋、有的推机器，忙得热火朝天。而他媳妇燕子正拿着铁锹给装料机上料，就连母亲龙大妈也正给菌袋窝口呢。龙哥被眼前的景象惊得张大了嘴巴。

　　燕子见龙哥回来了，连忙高兴地迎上去。可龙哥却拉长了脸埋怨燕子不该自作主张，燕子生气地扭过头。龙大妈见这小两口当着外人就要掐起来，连忙出来打圆场。

咱那蔬菜大棚改造一下，一个棚能挂两万袋，毛收入能有七八万呢。

吹吧！

哼，不信拉倒。

原来，龙哥前几年就种过木耳，可最后没赚到钱白忙了一场。眼看媳妇又要往"火坑"里跳，难免有些急了。燕子告诉他："现在栽培技术不一样了，在大棚里立体种植的单片木耳，筋少、肉厚还没根。"龙哥听了不以为然，燕子也上来倔脾气执意要干。

龙哥见劝不住媳妇，赌气道："过完春节，我还得去跑山货的货源，农忙时还要种玉米，没空管你。"眼瞅着两人见面就拌嘴，龙大妈有些生气了。燕子安慰道："我娘家村里，都是老太太、小媳妇在家种木耳，干得好着呢！"

　　"又不是没种过，搞不好就赔钱。"龙哥嘴上叨咕着，扭头出了工具房。这时，龙大妈突然想起前几天农业科学院的小农科老师说过拌菌料的事，连忙询问燕子是不是按要求准备好了。看来老太太虽然嘴上不说，但心理还是支持儿媳妇种木耳的。

要说咱这故事里种木耳谁是内行，那除了小农科就得是菌袋哥了。这不，"菌袋哥课堂"又开课了……这位大哥一边给木屑浇水一边告诉小弟，提前浸泡木屑是为了彻底灭菌，防止菌袋感染杂菌。

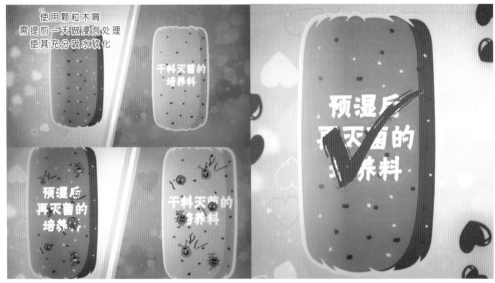

使用颗粒木屑
需提前一天做浸泡处理
使其充分吸水软化

干料灭菌的培养料

预湿后再灭菌的培养料

预湿后再灭菌的培养料

干料灭菌的培养料

提前一天将木屑预湿，充分吸水软化，就能提高灭菌效果。因为同样的温度，湿热的杀菌效果比干热的杀菌效果更彻底。

按照配方来拌料
春栽木耳培养基配方：

木屑	80%
麸皮（稻糠）	17%
豆粉	2.5%
石膏	0.5%
含水量控制在	55%～60%
pH	6.5～7

主料：湿木屑
辅料：麸皮、豆粉、石膏

　　菌袋哥指挥小弟依次把主料湿木屑和麸皮、豆粉、石膏等辅料放入大桶中，加水搅拌均匀。最后，菌袋哥从桶里抓起一把拌好的料用手握紧，有水痕但滴不下来，菌料就准备好了。

菌料拌好了，菌袋哥又开始给小弟讲解好菌袋的3个重要特点。

　　兄弟俩正说着话，眼尖的菌袋哥突然从身后的菌袋里抓出一个装袋太松的残次品，并告诉小弟，这样的残次品会造成憋根。木耳只在里面长，钻不出来。

　　这时，菌袋哥又发现有残次品的袋子被扎破了。这种情况接菌的时候一拔棒，袋口就给带出来了，进了空气很容易污染。

　　合格的菌袋必须在当天就进行高温灭菌。可怜的小弟一天下来累得腰酸背疼，刚想偷会儿懒，菌袋哥就抱着一捆柴火走了过来。

首先，大火猛攻，使温度达到100℃以上。然后，小火维持，10小时沸腾。

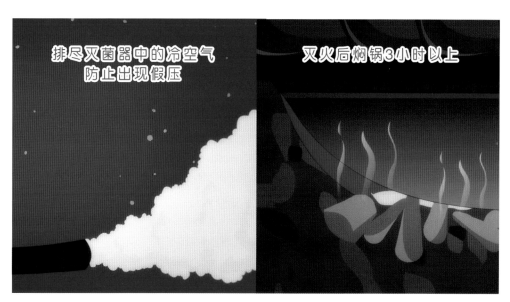

之后要排尽冷空气，防止产生假压；灭火后还要继续焖锅3小时以上。

为了保证彻底灭菌，菌袋哥和小弟在蒸锅里热得大汗淋漓，也不敢提前出来。生怕灭菌不透，滋生杂菌。

充分冷却再接菌

冷却室

已消毒

灭菌后的菌袋放在冷却室里待温度降至30℃以下再接种

　　高温灭菌顺利完成，热红了脸的小菌袋们排着队走进"冷却室"。出来的时候红脸蛋已经退了，体温也降到了30℃。原来，菌袋温度必须在30℃以下才可以接种，冷却不够会杀死菌种。

接菌要快 无菌操作

菌种

棉花

接菌要快 无菌操作

菌种

棉花

接种室

已消毒

　　灭菌后的小菌袋排队进入接种室，拔掉插棒，接上菌种。接种过程必须保证无菌，所以操作要快。

　　完成接种的小菌袋们一个个捂着脑袋，打着哈欠进入养菌室"猫冬"去了，就等着春节过后卖个好价钱了。

刚过完年，龙哥就开着他的小货车出门卖山货去了。

　　龙哥的小货车已经走远了，可燕子还站在原地发愣，龙大妈见状忍不住问她是不是有什么心事。燕子告诉婆婆："省农科院的小农科老师过两天要来家里指导改造大棚。"

听说老师要来家里指导种木耳，龙大妈很高兴，不明白燕子为啥发愁。原来，要改造原有的蔬菜大棚，必须加钢架，可偏偏要强的燕子不愿意开口求助龙哥，只能暗暗着急。龙大妈提醒她，可以花钱请村里人帮忙。

　　婆婆两句话就轻松解决了难题。燕子高兴地拍着脑袋说： "你说我这挺好使的脑子，最近咋有点短路呢？"

　　龙大妈不明白为啥要这么早安装大棚，再过一个月天就暖和了，才好干活。燕子告诉婆婆："现在新的栽培技术开口和采收都要比传统种植方法提前一个半月。"

　　以黑龙江省牡丹江市为例，一般在前一年年底，或者当年年初生产栽培袋；3月中下旬菌袋进棚，划口催芽；4月上旬挂袋出耳；4月底5月初开始采摘，6月底7月初采收结束。

"那等大地木耳下来的时候，咱这都收完啦！"龙大妈高兴地说。

趁着高兴劲儿，燕子又把婆婆拉到养菌房，去看新发出来的菌袋。

低温发菌的料温控制
前期28℃
中期22℃
后期20℃

　　吸取了龙哥之前的失败教训，燕子全程按照小农科的要求，严格控制好温度，做到勤通风换气。现在已经长得差不多，再有10来天就能开口了。

后熟菌丝生长要达到生理成熟

　　龙大妈从架子上拿起一个白色菌袋，稀罕地说："这都已经长满了，马上就能开口了吧？"燕子连忙纠正说："光长满了不行，还得长熟了才行。"

睡得迷迷糊糊的菌袋哥和小弟听到燕子婆媳俩的对话，嘴里也嘟囔着要搬新家，住大房子。兄弟俩头撞到一块儿，同时醒了过来。

　　"你知道不，过些天，咱就能住进采光好、不淋雨、不沾泥的大房子了，还不怕虫咬鸟啄。"小弟神秘兮兮地问菌袋哥。菌袋哥告诉他："新房就是去年种菜用的大棚，又向阳又通风，还不存水，就是地方不太大。"

　　小弟想到："几万个菌袋地方小了怕是住不开。"菌袋哥灵机一动，向上一跳做了个潇洒的抓单杠动作，开玩笑地说："地方小就挂着呗！"小弟被他逗得前仰后合。

好，先搭架子，后装水管，距离我都算好了。

这天一大早儿，小农科如约来到燕子家帮忙设计、改造大棚。他指着大棚的框架对燕子说："咱这个棚，长40米、宽8米、顶高3.5米、肩高2米，都符合要求，只缺将来挂菌袋用的架子和喷水管。"

30厘米

70~80厘米

60厘米

　　两个横杆是一组，间距30厘米。两组之间留过道，过道70~80厘米。过道上下铺水管，品字形装喷头，间距60厘米。喷出的水雾呈扇形，覆盖半径为1~2米。

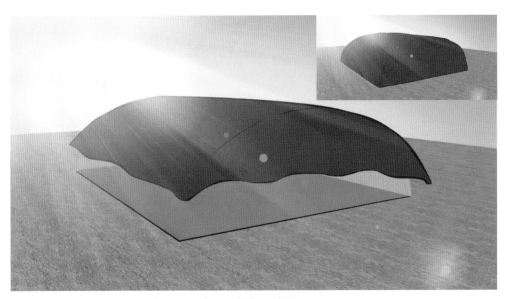

夏天天气热、阳光强烈，要加盖一层草帘子或遮阳网。

　　黑龙江省夏季多为东南风。长度在35米以下的东西向小棚，东西两侧开门通风，穿堂风效果好。如果大棚长度超过35米，南北向采光更好，但要在东西两侧设置排风口，通风除湿。

太阳西斜，棚膜终于扣好了。这时，龙大妈从远处走来了。

老师啊，这大棚里栽木耳都有什么好处啊？

　　龙大妈问小农科："这大棚里栽木耳到底有什么好处？"自己儿子不愿意干，可燕子铁了心地要干。小两口别着劲儿，有一个多月了。

小农科告诉龙大妈："立体栽培技术，一个棚的产量是以前地栽的3倍多。"并向龙大妈保证，等木耳长出来，大龙他们两口子保准能和好。

　　小农科从兜里掏出一片优质木耳给龙大妈看。"咱种的是小碗形的中早熟品种，通常5月中旬就能采收上市，上市早、卖价好。"小农科解释道。

那种大木耳卖不动了，现在城里人专挑这样的。

  龙大妈把木耳托在手里，有点嫌弃地说："这木耳真小，以前我儿子种的木耳，长得可大了。"小农科连忙说："大娘，这种单片木耳没根，不藏沙子，好洗好吃。"

　　小碗形木耳品相好、上档次，做出菜来还好看，卖价也比以前那种菊花形的大木耳高多了。

在木耳收购站大门外，一个呆头呆脑的菊花形大木耳摇头晃脑地走在前面。后面的单片小木耳精神抖擞，一看就是黑亮厚实的上等货。

到了精品厅门口，保安把大木耳挡在了门外。然后，恭恭敬敬地将小木耳请了进去。

　　保安转身，指向远处对大木耳说："你，往那边走，左转，再左转。"大木耳兴冲冲地按照指示一路转弯，拐过第二个墙角，脸上得意的笑容僵住了。

只见光秃秃的后院，一群长得跟他一样的大木耳站在寒风里瑟瑟发抖。大木耳这才明白自己已经"过气"了，不禁伤心地哭起来。

　　进入3月初，劲头十足的燕子"全副武装"进入大棚，浇水、撒石灰、铺河沙……一会儿工夫就汗流浃背了。

地面铺5厘米厚细河沙
铺砖或铺草帘也可以

菇宝熏蒸消毒

不灭泥沙保质量，
杂菌病害没机会。
密闭熏菇宝，
锁上棚门我把家回。

一直忙活到傍晚，燕子才锁上大棚门，拖着疲惫的身体往家走去。

转眼进入3月中旬，燕子婆媳俩忙活了一上午，终于把全部菌袋推进了大棚。龙大妈对这个能干的媳妇真是一百个的满意，算算日子自己那个倔脾气的儿子也快回来了。

　　棚里已经码放了不少开过口的菌袋，龙大妈拿起一袋仔细端详，发现现在的开口和以前大龙种的不一样了。

开口数量：180~220个

开口长：0.3~0.4厘米
开口深：0.5厘米

　　燕子告诉婆婆："开这种'1'字形小口，单片率高，出耳齐。以前开三角口，出的那种大耳不好卖。"

你快教教我这机器咋使，我帮你。

　　龙大妈高兴地说："这活儿既简单又轻省，就放心交给我老太太干吧！"婆婆这样支持自己，燕子很感动。她连忙说："有妈帮助俺，这活儿三四天就能干完。"

遮阳调控光照强弱
要求散光照射加大温差

燕子从兜里掏出一个温度湿度计，对婆婆说："等我先把这个挂上。刚开口的这些日子，不能让太阳直晒。温差大、湿度大，开口才容易养好。"

开口后的菌袋
集中密摆
苫盖提温保湿
棚内给水增湿
防止开口处失水

眼瞅着小木耳一天天长大成熟，婆媳俩也越干越起劲儿。

　　一阵嘹亮的起床号惊醒了熟睡的菌袋们。菌袋哥大喊一声："起床，伤养得差不多了，今天开始挂袋。"

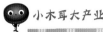

　　菌袋们惊奇地发现，不知什么时候，房顶的横梁上吊下来许多组绳子。3根一组，每组在底部打结。"还真是挂起来呀！"小弟有些吃惊地问。"嗯呐，穿成串，谁也挤不着。"菌袋哥告诉他。

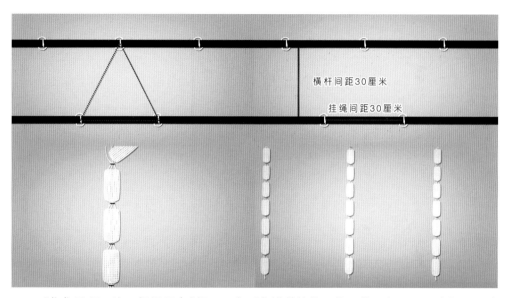

横杆间距30厘米

挂绳间距30厘米

　　"你们看啊，这一组绳子有3根，品字形交错着拴的。你，袋口朝下，固定好。上边再来一个，接着上，一组七袋到八袋。"菌袋哥边指挥挂袋边给小菌袋们做讲解。

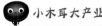
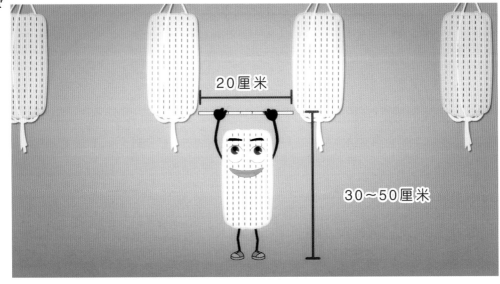

20厘米

30~50厘米

袋与袋之间不少于20厘米，离地面30~50厘米，才算合格。

　　菌袋哥一时没留神儿，小弟就开始瞎指挥。几串小菌袋被密密麻麻地排在了一块儿，菌袋哥被气得直跺脚。

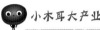

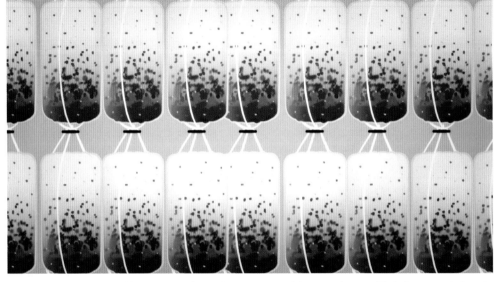

　　密度合理，通风效果才好。菌袋太多，再遇到高温、高湿，就会烧袋，形成"绿海"。

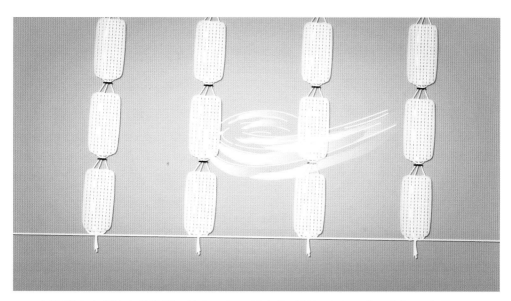

在菌袋串底部拴上链接绳，连在一起；风大的时候摆动小，才不会相互磕碰。

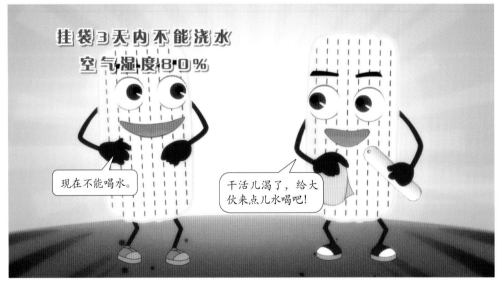

刚挂袋这两三天，不能浇水；只能往地上浇点儿水，空气湿度维持在80%就行了。

挂袋3～10天少浇水
空气湿度90%

　　菌袋哥解释说："因为大家身上有伤口，要等菌丝完全恢复以后，才能往菌袋上间歇喷水，让湿度达到90%。"

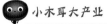

通风避免杂菌感染
遮阳调控光照
环境温度15~25℃
温差10~15℃

　　挂袋后，一要通风；二要遮阳调控光照强弱，加大温差。棚里面温度为15~25℃，温差为10~15℃最合适。

木耳进入催芽期，燕子按照小农科的嘱咐，每天按时通风换气，同时注意保持棚内湿度。

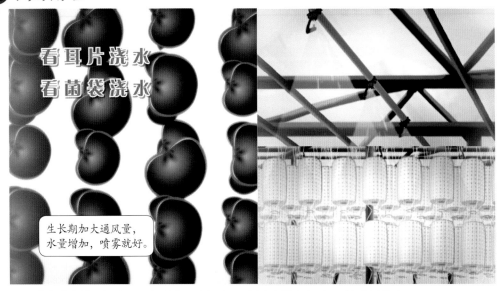

看耳片浇水
看菌袋浇水

生长期加大通风量，
水量增加，喷雾就好。

进入生长期后，通风量要进一步加大；水量也随之加大，以喷雾为宜。

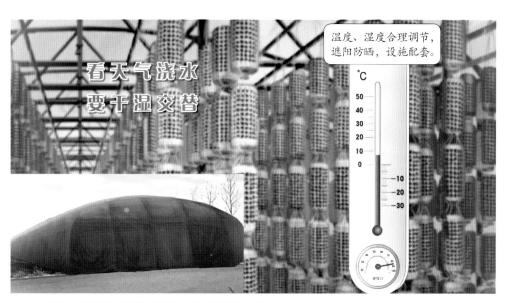

看天气浇水
要干湿交替

温度、湿度合理调节，遮阳防晒，设施配套。

湿度始终控制在80%~90%，注意遮阳防晒。

停水后
如果耳片
很快变干显白
应继续浇水
反之不用浇水

小木耳精心照料，
烧菌绿霉，挨个赶跑。

就这样，小木耳在燕子的精心照料下健康成长，菌袋中露出的一片片耳片看着就讨人喜欢。燕子心想："这回一定要让大龙对自己心服口服。"

这天一大早儿，燕子正低头算账，突然窗边闪过一个熟悉的身影，原来是大龙提前回来了。看到日思夜想的丈夫，燕子心里乐开了花，连忙迎了上去。

　　可大龙一进门就耷拉个脑袋，唉声叹气的。只见他从兜里掏出一袋木耳样品，边摆弄边皱眉。刚进门的龙大妈和燕子都凑上前问他出了什么事儿。

闹了半天，是有收木耳的大客商指定要一样质量的单片木耳，龙哥奔走多日却一无所获，只好提前回家了。燕子拿过木耳样品看了看，扑哧一笑，说道："我还以为是什么稀罕玩意儿呢！"

说完，燕子把木耳样品交到婆婆手上，留下一脸茫然的龙哥，哼着小曲儿扭头做饭去了。

还真是一模一样。

　　龙大妈笑着从抽屉里拿出另一包木耳样品递给儿子，乐呵呵地说："傻儿子，仔细看看，是不是一样式儿的。"龙哥把两袋木耳放在一起仔细比较，这颜色、大小、质量全都一模一样。

嘿，谁拿来的木耳？这搁家等我呢！

搁咱家大棚里等你呢，第一茬已经长出来了。

　　龙大妈把燕子跟专家学习木耳种植新技术的过程给儿子学了一遍，龙哥听了自然分外高兴。可是一想到客商要的货挺多，不免担心自家那几栋大棚产量不够。"不够！怕吓着你。"龙大妈胸有成竹地说。

想不到木耳还能这样种。

　　龙哥迫不及待地走进大棚。看着棚里挂满菌袋，一袋袋木耳刚刚长出1厘米左右的黑亮小耳片，他张大嘴呆住了。

这时，燕子大摇大摆地走进来，得意地在龙哥面前溜达。龙哥见了连忙陪着笑脸向媳妇道歉："我那时候没整明白就反对，真缺心眼儿，是我错了。"看丈夫是真心向自己认错，燕子高兴地笑了。

燕子兴奋地对丈夫说："这菌种都是从农业科学院拉来的，可好卖了。农业科学院的老师给全程指导，没啥难的。"龙哥表示以后就给燕子当小工，一切听媳妇指挥。

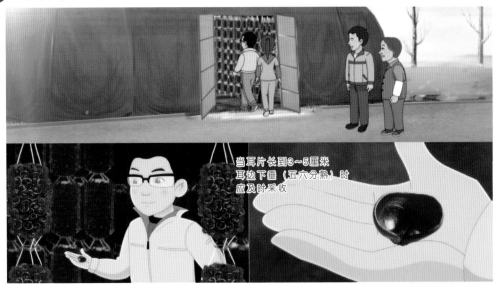

当耳片长到3~5厘米
耳边下垂（五六分熟）时
应及时采收

　　收获在即，燕子请了小农科来做指导。棚内的木耳已经长大，耳边下垂形成小碗。小农科走了一圈，边走边看，笑眯眯地频频点头。

我这就叫人去。

    小农科告诉他们："现在木耳出耳整齐，熟期一致，可以请一两个邻居帮助收，速度能快一点；拖得时间长了，耳片质量容易下降。"

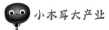

采收前

采收后

采收完晒袋5～7天

湿 湿 湿 干

湿 湿 湿 有效避免耳片发黄 湿

小农科又叮嘱夫妻俩："每次采收完都要晒袋。把棚膜卷起来，晒袋5~7天；然后，再浇水管理，能避免耳片发黄。"

温度、湿度管好了，水分和光照合适了，就不会出次品了。

听了小农科的话，龙哥豁然开朗。自己原来种木耳经常有变黄的、长烂流水儿的和长太薄的，原来都是没有及时采收和充分晒袋惹的祸。"种木耳要大湿度、大通风，管理上要多费心思。"小农科补充道。

　　燕子一家跟村上几个来帮忙的妇女正在采收木耳。龙哥高兴地对燕子说："前后摘三四茬，这一个菌袋就能出一两多的干耳。"

　　燕子说："等采完最后一茬，把菌袋落了地摆成这样，顶上划出口来，还能再长呢。"说着便掏出手机，让龙哥看上面的图片。

早晚浇水4～5次
每次浇水1小时
停30分钟
若脱袋管理
需要盖遮阳网等保温

浇浇水，过不了几天就长出来了，晒干了能有十几克呢。

　　由于燕子家木耳的品质好，很多客商慕名而来。这不，刚做成一笔大订单的龙哥正给龙大妈打电话报喜呢。

　　燕子和龙哥回到家，惊讶地发现村上好几个婆婆、大婶正等着他们，大家都想跟燕子学挂袋栽培木耳的技术呢。龙哥更是当着大家的面向燕子保证，以后不出去东奔西跑了，就在家专门种木耳。

早增温早开口，
早出耳早采收。
占地少品质优，
婆婆妈妈都有了增收的好事由。

图书在版编目（CIP）数据

小木耳大产业 / 韩贵清主编.—北京 ： 中国农业
出版社， 2017.3
（现代农业新技术系列科普动漫丛书）
ISBN 978-7-109-22776-7

Ⅰ. ①小… Ⅱ. ①韩… Ⅲ. ①木耳—栽培技术 Ⅳ.
①S646.6-49

中国版本图书馆CIP数据核字(2017)第039480号

中国农业出版社出版
（北京市朝阳区麦子店街18号楼）
（邮政编码 100125）
责任编辑 刘 伟 杨桂华

北京通州皇家印刷厂印刷 新华书店北京发行所发行
2017年3月第1版 2017年3月北京第1次印刷

开本: 787mm×1092mm 1/32 印张: 3
字数: 70千字
定价: 18.00元
（凡本版图书出现印刷、装订错误, 请向出版社发行部调换）